目　次

前　言

本标准按 GB/T 1.1—2009 给出的规则起草。

本标准由中国电力企业联合会提出并归口。

本标准负责起草单位：宜兴亨达竹格填料有限公司。

本标准参加起草单位：华电电力科学研究院、华东电力设计院、南京林业大学。

本标准主要起草人：鲁继平、顾建华、彭桂云、胡军、蒋身学、许斌、王文言。

本标准为首次制定。

本标准在执行过程中的意见或建议反馈至中国电力企业联合会标准化管理中心（北京市白广路二条一号，100761）。

ICS 27.020
J 96
备案号：47934-2015

中华人民共和国电力行业标准

DL/T 1361—2014

火力发电厂冷却塔竹制淋水填料
技　术　条　件

Technical specifications for bamboo filler of
fossil fuel power plants cooling tower

2014-10-15发布

2015-03-01实施

国家能源局　　发　布

引　言

　　本标准是根据《国家能源局关于下达 2013 年第一批能源领域行业标准制（修）订计划的通知》（国能科技〔2013〕235 号）的要求制定的。

　　近年来冷却塔中的竹制淋水填料已得到应用，并取得良好的效果，且在加工制作方面积累了丰富的经验，由于选材、制作、安装中无统一标准，因而冷却塔的竹制淋水填料的产品质量、施工质量及换热效率差异较大。为规范冷却塔用竹制淋水填料的生产和使用特制定本标准。

火力发电厂冷却塔竹制淋水填料技术条件

1 范围

本标准规定了冷却塔竹制淋水填料的设计、制造、质量检验、安装、停运维护等基本要求。

本标准适用于冷却塔中的以竹材为主原料的竹制淋水填料。

2 规范性引用文件

下列文件对于本文件的应用是必不可少的。凡是注日期的引用文件，仅注日期的版本适用于本文件。凡是不注日期的引用文件，其最新版本（包括所有的修改版本）适用于本文件。

GB/T 2690　毛竹材

GB/T 2828.1　计数抽样检验程序　第1部分：按接收质量限（AQL）检索的逐批检验抽样计划

GB/T 15780　竹材物理力学性质试验方法

3 术语和定义

下列术语和定义适用于本标准。

3.1

竹材　bamboo

指制成填料片、填料穿杆前的竹材料。

3.2

竹制品　bamboo product

指填料片、填料穿杆及组装块。

3.3

破裂　break

竹材纤维间产生脱离，形成开裂。

3.4

淋水填料成型片　cooling filler chip with finished form

经加工后，具有一定形状的竹制定型淋水填料片。

3.5

填料穿杆　filler axle

连接竹制填料片所需的竹制圆杆。

3.6

组装块　assembly lump

一定数量的填料成型片用圆套管间隔、以填料穿杆连接成的竹制栅状块体。

3.7

简支式支承　simple beam support

组装块两端搁置在条状支座上的支承形式。

3.8

淋水面厚度　thickness of water drenching direction

成型片淋水方向切面与两长侧面形成的切线距离。

4 一般规定

4.1 竹材应采用成熟期的原生竹子，毛竹等散生竹采伐宜为 4 年以上，9 年以下；龙竹等丛生竹采伐宜为 2 年以上，6 年以下。不得使用有裂纹、枯死和虫蛀腐朽的竹材。

4.2 竹材质量应符合 GB/T 2690 的规定。

4.3 竹材的膨胀系数应符合下列要求：
　　a) 顺纹方向的热膨胀系数宜为 $2.98 \times 10^{-6} \sim 4.28 \times 10^{-6}$。
　　b) 径向的热膨胀系数宜为 $21.8 \times 10^{-6} \sim 30.7 \times 10^{-6}$。
　　c) 弦向的热膨胀系数宜为 $29.7 \times 10^{-6} \sim 42.7 \times 10^{-6}$。

4.4 组装块刚度、承载能力应符合设计要求，在 $-50℃ \sim 100℃$ 内不应产生明显变形和破裂，不应松散倒伏，应保持稳定的运行，使用年限不应少于 20 年。

4.5 组装块的通道应畅通，不易堵塞，不易结垢，不应污染水质，应保持长期稳定的热交换特性。

4.6 型式检验至少应每两年一次，有下列情况之一时，应进行型式检验：
　　a) 新产品或老产品转厂生产的试制定型鉴定。
　　b) 结构、材料、工艺有较大变动，可能影响产品性能时。
　　c) 产品停产 1 年后恢复生产时。
　　d) 出厂检验结果与上次型式检验结果有较大差异时。
　　e) 有资质的质量检验机构提出进行型式检验时。

5 技术要求

5.1 填料加工

5.1.1 填料片应采用壁厚 3mm～7mm、直径 80mm 以上的竹材，填料穿杆应采用壁厚 10mm 以上的竹材。

5.1.2 填料加工应符合下列要求：
　　a) 加工过的竹片应无明显弯曲、破裂，表面应无明显毛刺。
　　b) 长度偏差应为 ±5mm，宽度偏差应为 ±2mm。
　　c) 在竹片的宽度中心线上钻孔，两孔间距不应大于 500mm，孔径宜为 10mm，允许偏差应为 ±0.2mm。
　　d) 填料穿杆直径宜为 10mm，允许偏差应为 −0.5mm。
　　e) 填料穿杆的套管宜为聚丙烯材质，内径应大于 11mm；应根据不同需要，套管的长度宜为 38mm 或 50mm，允许偏差应为 ±2mm。

5.2 填料成型片

5.2.1 填料成型片尺寸长度宜为 1200mm～1600mm、宽度应为 30mm～40mm，成型片长、宽尺寸允许偏差应分别为 ±5mm 及 ±2mm，淋水面厚度宜为 4mm～8mm。

5.2.2 填料成型片表面应无明显毛刺、破裂和缺口。

5.2.3 填料成型片长度方向平面翘曲度不应大于 1.5%，长度方向侧面翘曲度不应大于 0.8%，翘曲度应为 $f/L \times 100\%$，见图 1 和图 2 所示。

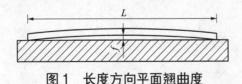
图 1　长度方向平面翘曲度

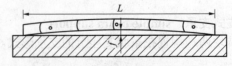
图 2　长度方向侧面翘曲度

5.2.4 填料成型片的淋水面应与填料穿杆中心线平行。

5.2.5 成型片的物理力学性能及检验方法应符合表1的规定。

表 1　成型片的物理力学性能及检验方法

序号	项目名称	符号	单位	指标	检验方法
1	全干密度	ρ_0	g/cm³	≥0.70	GB/T 15780
2	吸水饱和密度	ρ	g/cm³	≤1.40	GB/T 15780
3	含水率12%抗压强度	σ_{12}	MPa	≥60	GB/T 15780
4	含水率12%抗弯强度（侧向）	σ_{b12}	MPa	≥100	GB/T 15780
5	含水率12%抗弯弹性模量（侧向）	E_w	MPa	≥8500	GB/T 15780

5.3　组装块

5.3.1　组装块可分为支承型和非支承型，支承型组装块底层应为两端搁置在条状支座上成简支式支承的填料；非支承型组装块应为搁置在支承型组装块上的填料。

5.3.2　支承型组装块规格宜为 1600mm×500mm×40mm，成型片间距应为 38mm；非支承型组装块规格宜为 1200mm×500mm×40mm，成型片间距应为 50mm。成型片间距允许偏差应为±3.0mm。

5.3.3　组装时穿杆直径宜为 9.5mm，允许偏差应为±0.5mm。填料穿杆的力学性能应按附录A通过弯曲试验确定。

5.3.4　与填料穿杆平行的组装块平面应保持齐平一致。

5.3.5　组装块六面均应为矩形或正方形，在正常使用条件下，其几何形状应保持稳定。

5.3.6　支承型组装块应具有足够的刚度，应满足简支条件下标准试件在 8500N/m² 的均布荷载作用下，支承面及载荷面应无明显翘曲、倒伏等变形现象，其底部向下位移不应大于 50mm，测试方法见附录B。

5.3.7　非支承型组装块应具有足够的刚度。简支条件下的标准试件在 8500N/m² 的均布荷载作用下，支承面及载荷面应无明显翘曲、倒伏等变形现象，测试方法见附录C。

5.4　填料安装

5.4.1　竹制淋水填料应安装平整，若出现倾斜应校正和调整，其相对高差不得超过 20mm。

5.4.2　塔体内竹制淋水填料应填满筒体。填料边缘离风筒内壁的孔隙不得大于 50mm。塔内整个填料层不应出现大于 50mm 的直通缝。

5.4.3　安装时应轻拿轻放，防止构件碰损，若有损坏及折断，应更换。

5.4.4　竹制淋水填料在塔内应铺设严密，在不规则区域不应出现填料悬空过长、漏搭等支承不全的现象，如无可靠搁置条件，应加设支承构架。

5.4.5　竹制淋水填料的支承跨距应合适，不宜大于 1500mm。填料悬出长度不应大于填料块总长（L）的 0.2 倍；边角区域的淋水填料，其悬出长度不应大于 0.2L。

5.4.6　填料底部三层应采用支承型组装块，在搁置的支座上采用交叉搭接，交叉搭接长度不应少于 100mm；其余非支承型组装块应采用对接。

5.4.7　上下组装块应纵横交错呈正交"#"形铺设，填料通道宜保持均匀一致。

6　填料验收

6.1　一般要求

淋水填料的验收应以批为单位，应以同一产地、规格、工艺生产的成型片和组装块视为一批次，抽检方法应符合GB/T 2828.1条款的规定。

6.2　成型片

6.2.1　成型片的有效型式检验报告应符合本标准5.2.1～5.2.5要求。

6.2.2 成型片外观、规格应符合本标准 5.2.1～5.2.4 要求，凡不符合 5.2.1～5.2.4 中任一要求的，应判断为不合格品，成型片抽检应符合表 2 的规定。

表 2 成型片抽检判定

批量（片、根）	抽样数量	接受不合格数	拒收不合格数	检查项目
501～1200	32	≤5	≥6	
1201～3200	50	≤7	≥8	
3201～10 000	80	≤10	≥11	
10 001～35 000	125	≤14	≥15	5.2.1～5.2.4
35 001～150 000	200	≤21	≥22	
150 001～500 000	315	≤21	≥22	
500 001 及其以上	500	≤21	≥22	

6.2.3 成型片性能及检验方法应符合 5.2.5 的规定，每批成型片应由供货方按表 1 的要求，提供竹材的物理力学性能检验报告。

6.2.4 成型片的验收应在每批成型片中任取两片，按表 1 进行材质性能检验，有一项指标达不到要求，应在原批成型片中加倍取样，对不合格项目应进行复验，复验结果如仍不合格，应判定该批成型片不合格。

6.3 填料穿杆

填料穿杆型式检验应符合本标准 5.3.3 的要求，外观抽样应符合表 2 的规定，其中力学性能检验判定应符合附录 A 的规定，达不到要求时，应在原批穿杆中加倍复验，复验结果如仍不合格应判定该批穿杆不合格。

6.4 组装块

6.4.1 组装块规格、外观、组装工艺应符合本标准 5.3.1～5.3.5 的规定，凡不符合 5.3.1～5.3.5 中任一条要求的应判定为不合格品，抽样检查应符合表 3 的规定。

表 3 组装块抽检判定规定

批量（块）	抽样数量	接受不合格数	拒收不合格数	检查项目
51～90	5	≤1	≥2	
91～150	8	≤1	≥2	
151～280	13	≤2	≥3	
281～500	20	≤3	≥4	
501～1200	32	≤5	≥6	
1201～3200	50	≤7	≥8	5.3.1～5.3.5
3201～10 000	80	≤10	≥11	（5.3.3 除外）
10 001～35 000	125	≤14	≥15	
35 001～150 000	200	≤21	≥22	
150 001～500 000	315	≤21	≥22	
500 001 及以上	500	≤21	≥22	

6.4.2 支承型组装块刚度应符合 5.3.6 的要求，应按附录 B 规定的检验判定方法，在每批中任取九个组装块做荷载试验，达不到要求的应加倍复验，如仍有不合格，应判定该批组装块不合格。

6.4.3 非支承型组装块刚度应符合 5.3.7 的要求，应按附录 C 规定的检验方法判定，应在每批中任取一个组装块做荷载试验，达不到要求的应加倍复验，如仍有不合格，应判定该批组装块不合格。

7 包装、储运

7.1 包装

产品应牢固捆扎包装，应有清晰的标志。应标明产品名称、生产厂名、厂址、生产日期、执行标准、产品使用说明书。

7.2 运输

产品在运输过程中应平整堆放，并应避免长时间直接暴晒或雨淋。

7.3 储存

储存时应按规格分别堆放在平整的地面上，应防止污损、暴晒并远离热源，应防潮湿，保持干燥、通风。

8 停运维护

8.1 冷却塔长期停运期间应定期检查、喷水，防止填料损坏。

8.2 运行前应检查竹制淋水填料，不应有倾斜、开裂、倒塌、腐朽等现象存在。

附 录 A

（规范性附录）

竹制淋水填料穿杆弯曲测试方法

A.1 基本原理

竹制淋水填料依靠填料穿杆使填料成型片构成组装块。试验模拟填料穿杆的实用状况，将填料穿杆弯曲以评判其材料韧性和制造质量。

A.2 仪器

万能力学试验机。

A.3 试样

竹制填料穿杆长度为（150±0.5）mm 的均匀平直的穿杆段。共 2 组，每组 5 根。

A.4 试验操作

A.4.1 将穿杆试样在室温清水浸泡 24h 后取出，置于常温环境中 30min。

A.4.2 调节试验机，使三点式弯曲试验装置的压头下压速度为（5±2）mm/min，支座跨度 L 为 10D，D 为拉杆直径，支座及压头端部直径为 30mm。

A.4.3 试样应平放在支座上，对准压头，采用弦面加荷（竹青面朝上），开动试验机使压头下压，至试样中心的挠度 f 为 4.0mm 时停止下压，保持 30s 后使压头上升，取出试样。

A.5 结果判定

每组（5 根）穿杆试样在试验中应无破裂现象则判定为通过。

附　录　B

（规范性附录）

竹制淋水填料支承型组装块荷载试验方法

B.1　基本原理

组装块的刚度主要体现在它的上下两个边界层面上的耐压特性和组合块体的整体紧固性两方面，即组装刚度。荷载试验就是对填料组装块的组装刚度的综合性考核。加载后支座中间弯曲塌陷导致组装块侧倾，超过一定荷载组装块内部连接点的崩脱松散、填料成型片破裂又加剧了组装块的总体失稳。如弯曲超过一定范围（约 50mm）时，组装块便失去继续承载的能力而加速破裂、松散、倒伏。

B.2　仪器

简支式支承装置：支座长 1500mm，支座宽 100mm，支座高 200mm，净距 1400mm，两条形支座平行且位于同一水平面上；150mm 钢直尺（测量精度 0.5mm）、精度 1%标准荷载块若干。

B.3　试样

支承型组装块尺寸：长×宽×高＝1600mm×500mm×40mm，三层，共九块，组装块在测试前应在室温水中浸泡 3h～4h。

B.4　试验操作

B.4.1　温度：室内常温。

B.4.2　支承方式：将上下三层支承组装块以"#"形式均衡搁置在支承装置上，记录组装块中间底部到地面的距离。

B.4.3　加载方式：在支承组装块顶面一次性加载 8500N/m²，均匀分布。

B.4.4　加载时间：1h。

B.5　结果判定

应以组装块底部向下位移不大于 50mm、不破裂、不倒伏为合格。

附　录　C

（规范性附录）

竹制淋水填料非支承型组装块荷载试验方法

C.1　基本原理

组装块的刚度主要体现在它的上下两个边界层面上的耐压特性和组合块体的整体紧固性两方面，即组装刚度。荷载试验就是对填料组装块的组装刚度的综合性考核。加载后支座中间弯曲塌陷导致组装块侧倾，超过一定荷载组装块内部连接点的崩脱松散、填料成型片破裂又加剧了组装块的总体失稳。长时间负载下，组装块便失去继续承载的能力而加速破裂、松散、倒伏。

C.2　仪器

简支式支承装置：支座长 600mm，支座宽 100mm，支座高 200mm，净距 400mm，三条形支座平行且位于同一水平面上；精度 1%标准荷载块若干。

C.3　试样

组装块尺寸：长×宽×高应为 1200mm×500mm×40mm，共 1 块，组装块在测试前应用室温水浸泡 3h～4h。

C.4　试验操作

C.4.1　温度：室内常温。

C.4.2　支承方式：将非支承型组装块以简支形式均衡搁置在支承装置上。

C.4.3　加载方式：在组装块顶面一次性加载 8500N/m²，均匀分布。

C.4.4　加载时间：1h。

C.5　结果判定

应以组装块不破裂、不倒伏为合格。

中 华 人 民 共 和 国

电 力 行 业 标 准

火力发电厂冷却塔竹制淋水填料

技 术 条 件

DL / T 1361 — 2014

*

中国电力出版社出版、发行

（北京市东城区北京站西街 19 号　100005　http://www.cepp.sgcc.com.cn）

北京博图彩色印刷有限公司印刷

*

2015 年 3 月第一版　　2015 年 3 月北京第一次印刷

880 毫米×1230 毫米　16 开本　0.75 印张　20 千字

印数 0001—3000 册

*

统一书号 155123 · 2356　定价 **9.00** 元

关注我，关注更多好书

刮开涂层
查询真伪

155123.2356